KB114765

내가 새를 만나는 법

내가 새를 만나는 법

펴낸날 2019년 4월 15일 초판 1쇄
2020년 9월 1일 초판 2쇄
지은이 방윤희

펴낸이 조영권
만든이 노인향, 백문기
꾸민이 토가 김선태

펴낸곳 자연과생태
주소 서울 마포구 신수로 25-32, 101(구수동)
전화 02) 701-7345~6 **팩스** 02) 701-7347
홈페이지 www.econature.co.kr
등록 제2007-000217호

ISBN : 979-11-6450-000-0 93490

내가
새를
만나는
법

글·그림 방윤희

자연과생태

평소에 보지 못했던 것들이
잔뜩 보이는 신기한 경험

우연한 기회로 새에 관한 책을 펴내게 되었습니다. 새를 좋아하는 마음을 표현할 수 있다는 것에 굉장히 설레고 들떴지만 한편으로는 많이 망설여졌습니다. 새 지식이 풍부하고 탐조 열정이 높은 분들에게만 가능한 일이라고 생각했거든요. 다행히 평범한 사람 시점에서 새를 관찰하는 내용을 원한다는 출판사 이야기를 듣고 용기를 냈습니다. 책에 실은 그림은 대부분 제가 찍은 사진을 참고해서 그렸고 새의 형태와 습성 정보는 여러 가지 도감을 확인하면서 작업했습니다. 전문 지식 없이 제가 관찰한 내용을 담은 거라 부족한 부분이 많겠지만 새를 좋아하는 한 사람의 소소한 즐거움의 여정이라고 생각하시고 여유로운 마음으로 봐 주시면 좋겠습니다.

탐조라고 하면 먼저 쌍안경이나, 망원렌즈가 부착된 카메라를 들고 인적 없는 곳에서 새를 관찰하는 장면이 떠오릅니다. 그런데 제가 하는 탐조 활동은 보통 카메라를 메고 주머니에 간식 한두 개를 넣어서 가끔 집 근처 동네를 어슬렁대는 게 다입니다. 너무 시시한 이 활동을 탐조라고 부르기 민망해서 저는 그냥 '새를 본다'라고 표현합니다.

새를 보려면 일단 귀를 열고 주위를 많이 살펴봐야 합니다. 일상생활에서 시야를 넓히면 평소에 보지 못했던 것들이 잔뜩 보이는 신기한 경험

을 하게 됩니다. 새뿐만이 아니고 길바닥의 돌, 풀, 열매, 곤충 등 다들 각각의 아름다움을 간직하고 있어서 우리는 그냥 느끼기만 하면 되거든요. 저는 관찰해야 한다는 생각으로 새를 보면 금세 재미가 없어져 버려서 최대한 가벼운 마음으로 새를 바라보고 즐깁니다. 아 예쁘다, 아 귀엽다, 뭐 먹네, 맛있게 먹네, 뭐라고 떠드네, 참 빠르네 하면서 그냥 애정 어린 눈으로 바라보고 있으면 마음속에서 뭔가 따뜻한 것이 고동칩니다. 이 느낌은 중독성이 있어서 또 새를 보게 하고 그러면 또 같은 느낌을 받고, 이런 과정이 반복되면서 결국에는 새가 한자리 차지하는 삶이 만들어진 것 같습니다.

여러 가지로 부족한 책을 세상에 던져 놓은 것 같아 미안한 마음이 들지만 이 책으로 한 분이라도 새에 관심을 갖고 저처럼 세상이 넓어지는 것을 경험한다면 충분히 의미 있는 일이라고 생각해 봅니다. 끝으로 시시한 취미 활동에 책 한 권을 내어 주신 출판사 분들께 정말로 감사드리고 가끔 저와 함께 새를 봐 주는 남편에게도 고마운 마음을 전합니다.

2019년 초여름 방윤희

차례

새와 함께하는
나날

오리와 눈 맞다

'불광천'이라는 작은 개천이 있습니다.
응암역에서 상암 월드컵경기장역을 거쳐 한강으로 이어지는 개천입니다.
은평구에는 마땅한 공원이 없어서 근처 주민들이 산책하거나 운동할 때
굉장히 즐겨 찾는 곳입니다. 예전 저희 집에서도 걸어서 3분이면
도착하는 아주 가까운 개천이었지요.

그곳에는 일 년 내내 볼 수 있는 오리가 몇 마리 살고 있었습니다.
새에 특별히 관심을 갖지 않는 이상 오리는 개천 풍경 가운데 하나일 뿐이죠.
흐르는 물과 바람에 흔들리는 풀만 있다면 개천 풍경이 너무 단조로울 텐데
부지런히 움직이는 오리들이 있어서 개천이 풍성해 보입니다.

산책 겸 운동 겸 개천에 나가서 잠시 벤치에 앉아 쉬다 보면
자연스레 움직이는 오리들에 눈이 갔습니다. 그렇게 가끔씩 앉아서
오리들을 보다 보면 복잡하던 마음이 평화로워졌습니다.

어느 날 주머니에 넣고 다니던 콤팩트 카메라로 오리를 가까이서 찍어 봤습니다.
그냥 눈으로 보는 것과 사진으로 보는 건 느낌이 조금 다르죠.
사진에 찍힌 오리는 새로워 보였습니다. 소박한 모양과 새까만 눈,
웃는 듯한 부리가 너무 귀여웠습니다.
통통한 몸뚱이는 사랑스러워서 안아 보고 싶기까지 했습니다.
저는 오리에게 반했나 봅니다.

도감을 사다

처음에 제가 개천에서 아는 오리는 청둥오리뿐이었습니다. 그런데 보다 보니
청둥오리와 어딘가 비슷한 듯 달라 보이는 오리가 있었습니다.
무슨 오리일지 너무 궁금해서 새 도감을 샀습니다. 찾아보니 그 오리는
흰뺨검둥오리였습니다. 청둥오리 암컷과 비슷해서 정말 헷갈렸답니다.

도감은 오리를 구별해 보려고 구입한 것인데 펼쳐 보니
세상에서 제일 재밌는 책이었어요!
새 종류가 그렇게 많은지 처음 알았습니다.
새마다 가지각색 특징이 있다는 것도 알면서
새에게 더욱 관심이 생겼습니다.

과 악
과 악

한동안은 틈만 나면 도감을 집어 들고
새 사진을 들여다봤습니다.
새 울음소리를 글로 적어 놓은 게 재밌어서
들어본 적 없는 새소리를 상상하며
소리 내어 읽어 보는 것도 큰 재미였습니다.

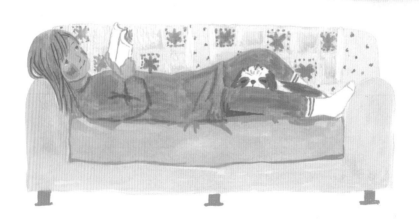

직박구리

직박구리를 길에서 처음 발견하고 집에 오자마자
도감에서 찾았던 날을 잊을 수가 없습니다.
세상이 넓어진 순간이었거든요.
그때 이후로 밖에 있을 때는 열심히 새를 찾기 시작했습니다.
물론 아주 흔하게 볼 수 있는 새뿐이었지만 직접 본 새를
도감을 뒤져서 찾는 건 정말 즐거운 일이었습니다.

새를 보다가 사진 찍을 여건이 되면 찍고, 너무 빨리 날아가 버리면
눈에 제일 잘 띄는 특징을 기억해 두었다가 도감에서 찾아봅니다.

제가 처음에 산 도감은 물가에 사는 새와 산과 들에 사는 새를 나눠 설명한
사진 도감이었습니다. 개천에서 본 새는 물가에 사는 새에서 찾고,
공원에서 본 새는 산과 들에 사는 새에서 찾으면 되니까 기본 지식이 없는
저한테는 편했습니다.

도감은 여러 권을 가지고 있는 게 좋습니다. 저마다 목적에 따른 특징이 있기 때문에
여러 권을 비교해서 보는 게 도움이 되거든요. 도감은 사진으로 된 것과
그림으로 된 것이 있는데 이 또한 모두 있으면 좋습니다.

도감을 보면 새 종류만 알 수 있는 게 아니라 새 관련 용어와 기본 특징도
알 수 있기에 도감만 잘 읽어 놓으면 우연히 본 새가 어느 과에 속하는 새인지
대충 알 수 있습니다. 제가 도감에서 눈여겨본 부분은 흔한 새냐 아니냐입니다.
동네에서 볼 가능성이 큰 새는 더욱 유심히 봐 놓으려고요.

요즘은 새 종류를 알아볼 수 있는 스마트폰 앱도 있어서 밖에 나갈 때
아주 편해졌어요.

쌍안경을 선물받다

도감을 샀던 그해, 남편이 생일 선물로 작은 쌍안경을 선물해 줬습니다.
새는 쌍안경으로 보는 거 아니냐면서요. 새를 관찰하는 사람들을 보면 쌍안경을
들고 있으니까 저도 그렇게 보이리라 생각하니 설렜습니다.

그동안은 계속 주머니에 넣고 다니던
콤팩트 카메라로 새를 관찰하며
촬영했습니다.
디지털 줌 기능이 있어서
나름 유용하게 썼습니다.

그런데 쌍안경으로 새를 보는 일은 생각과 너무 달랐습니다.
제 작은 쌍안경으로는 생각만큼 멀리 보이지 않는 데다 보다 보면
멀미까지 나서 힘들었습니다. 그리고 개천에서 쌍안경으로 새를 보고 있으면
운동하는 아저씨, 아주머니들이 저를 의혹에 찬 눈길로 바라보셔서
쌍안경을 쓰기가 더욱 어려웠습니다.

나중에 알았지만 제 쌍안경은 야외에서 새를 관찰하기에 적당하지 않았습니다.
지금은 어쩌다가 재미 삼아 꺼내 보는 게 다지만 쌍안경과 함께했던 시간도
제게는 즐거운 기억으로 남아 있습니다.

새를 그리다

도감을 보다가 심심하면 이따금 사진을 보면서 따라 그렸습니다.
한 종 한 종 그리다 보면 새 특징도 더욱 잘 알 수 있고, 나름 재미도 있었습니다.
그러다 어느 날은 머릿속에서 이런저런 장면들이 떠올라 그려 보려고 하는데
쉽지가 않더라고요. 자주 보던 참새와 비둘기에서도 부리 모양, 각도, 색깔,
꽁지깃 등 하나하나가 어렵게 다가왔습니다.
제가 찍은 사진들로는 어떤 새인지만 알 수 있을 뿐 세세한 부분은
확인할 수 없어서 답답했습니다. 할 수 없이 인터넷으로 다른 분들이 찍은
자세한 사진을 참고해서 그릴 수밖에 없었습니다. 새를 그냥 보는 것과
그리려고 보는 것에는 큰 차이가 있다는 걸 느낀 이후로는 새를 볼 때
전체 실루엣과 부리, 발, 꼬리 등을 꼼꼼히 살펴봅니다.

한번은 야외에서 새를 보고 그리면 괜찮겠다는
생각을 했습니다.

간단하게 즐겨 쓰는 펜들과 수첩을 챙긴 뒤 개천가에 자리를 잡았습니다.
근처에 있던 오리들은 제가 가니까 모두 도망가거나 이리저리 움직여서
그리기가 힘들었습니다. 멀리 떨어진 곳에서 쉬는 오리들도 있었지만,
제 시력이 좋지 않은 탓인지 제대로 보이지가 않아서 오리인 듯 오리 아닌 것들만
그려야 했습니다. 결국에는 그냥 사진만 찍고 집에 왔답니다.
야외에서 풍경이 아닌 움직이는 작은 동물을 그리려면 멀리, 자세히 볼 수 있는
도구가 필요할 듯합니다. 그리고 인내심도요.

밖에서 그려 본 스케치들입니다.
마음껏 그리지 못하니까 결국에는 풍경을 그리거나
제 마음대로 그리곤 했습니다.

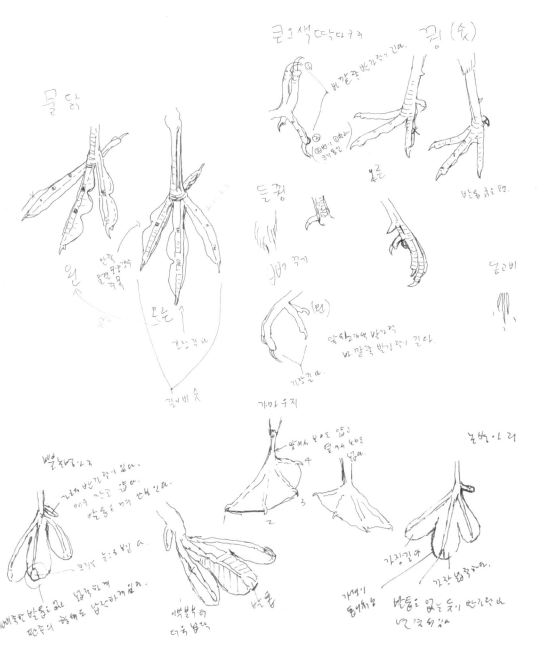

자세히 찍은 사진을 보고도 답답하다 싶을 때는 자연사박물관에 가곤 합니다.
새 박제를 모아 놓았기 때문에 크기 비교가 쉽고 전신이 한눈에 들어온다는 점이
좋습니다. 자연스러운 모습에서 조금은 변화된 상태라는 것만 감안하면
도움이 많이 된답니다.

새를 그릴 때는 사진 도감, 그림 도감,
제가 찍은 사진, 인터넷에 있는 자세한 사진을
동시에 보면서 그립니다.
주로 펜과 수채 과슈를 씁니다.

멀리, 자세히 보고 싶다

그림을 그리다 보니 제가 쓰던 디지털 15배줌 콤팩트 카메라로는 더 이상 안되겠다
싶었습니다. 집에 DSLR 카메라가 있어서 알아보니 멀리까지 볼 수 있는 렌즈는
주부인 제가 사기에는 매우 비쌌고, 그보다 더 큰 문제는 무게였습니다.
저는 근력도 체력도 부실해서 무거운 건 불편하고, 불편한 건 잘 안 쓰게 된다는 걸
그동안 경험으로 잘 알고 있었습니다. 그래서 높은 줌 배율과 무게 그리고
비싸지 않은 가격, 이 세 가지만 생각하고 카메라를 구입했습니다.

고배율 줌 카메라로 새를 보니 다시 한 번 세상이 넓어지는 걸 느꼈습니다.
60배줌에 디지털 줌까지 더하니 그동안 볼 수 없었던 멀리 있는 새도 관찰하고
기록할 수 있습니다. 슬렁슬렁 동네를 돌아다니다 보면 한두 시간이 걸리는데
다행히 카메라 무게에 따른 피로도 별로 없습니다.

창문 너머 산 쪽을 살펴보면 가운데쯤 진달래가 있습니다.
거기서 뭔가 꾸물거리는데 지빠귀 같아요.
전에 쓰던 콤팩트 카메라로는 눈에 보이는 것 이상을 찍기 힘들었는데
고배율 카메라로는 눈에 보이지 않는 것까지 볼 수 있습니다.

이 카메라는 이제 산책 친구가 되었습니다.
멀리 날아가는 새는 아직도 알기 힘들지만 그동안 궁금했던,
동네에 사는 구성원들을 가까이 만날 수 있게 도와주는
고마운 친구입니다.

별명을 얻다

그냥 새 이름 몇 개 알 뿐인데 가족들이 제가 새에 관심이 많은 걸 알고는
놀리듯이 '증산동 새 박사'라는 별명을 지어 줬습니다.
증산동은 제가 예전 살던 아주 작은 동네예요.
가족들이 저를 향한 관심으로 장난스럽게 붙여 준 별명이지만
어쩌면 증산동에서는 제가 제일 새를 좋아할지도 모른다는 생각에
이 별명이 마음에 들었습니다. (지금 사는 동네는 넓어서 'ㅇㅇ동 새 박사'는 힘들 듯하고
몇 번지 새 박사 정도는 가능할지도요.)

주로 가족들은 '증산동 새 박사'에게 개천에서 본 새를 사진 찍어 물어봅니다.
핸드폰 사진이라 선명하지 않아도 대부분 쇠백로, 해오라기, 쇠오리 같은
흔한 새이고 물어본 걸 또 물어보기에 답하기는 어렵지 않습니다.
그래서 이제 남편과 가족, 친구들도 아주 흔한 새는 알아보는 수준에 이르렀습니다.

수집하다

새를 좋아하면서부터 새와 관련된 물건들이 늘어났습니다.
도감을 시작으로 책이 조금 늘었고 몇 가지 장식품이 생겼고
밖에서도 뭔가를 주워 오기 시작했습니다.

시골 오빠네에서 꿩 알과 오리 알을 얻어 와
깨지지 않게 삶은 뒤에 책장 한편에 놓아뒀습니다.
산에 버려진 새 둥지나 길바닥에 떨어진
새 깃털을 주워 왔습니다.
함께 사는 가족이 남편과 강아지뿐이라
처음에는 늘 남편 동의를 얻은 뒤에 들여놓았는데
언젠가부터는 마음대로 주워 옵니다.

우리 집에 놀러 올래? 1

예전에 제가 살던 곳은 주택가 옆 대로변에 있는 상가 건물이었습니다.
창밖에는 경치라고 할 게 전혀 없고 찾아오는 새도 없었습니다.
그래도 혹시나 하는 마음에 대로변 쪽 창문 테라스에 종지를 놓고
마트에서 파는 새 모이를 놓아뒀습니다.

며칠 뒤에 보니
누군가 다녀간 흔적으로 보이는
큼직한 새똥이 있었습니다.
직박구리나 비둘기일지 몰라
모이 종지를 당장 치웠습니다.
비둘기는 한번 자리를 잡으면
좀처럼 이사 가지 않아
이웃에게 피해를 끼칠 수 있으니까요.

나중에 다시 창고 베란다 쪽에 작은 새만 올 수 있는 새 모이장을 만들어 놨습니다.
몇 달을 그렇게 모이를 버리고 채우며 마냥 기다렸습니다.
새가 저희 집에 찾아와 준다면 너무 좋을 것 같았거든요.

어느 날 요정이 내는 듯한 소리처럼
예쁜 소리가 들려서 혹시나 하고 몰래 살펴보니
박새 한 마리가 와서 먹이를 먹고 있었습니다.
정말 감동이었어요.
그날 이후로 드디어 저도 집에서 새소리를
들을 수 있었습니다.

모이를 발견한 건 박새인데
정작 모이는 대부분 참새들이 먹었습니다.
박새는 혼자 와서 잠깐씩 먹다가
갔습니다.

직박구리는 어쩌다 오는데
자리가 너무 비좁아서 그런가
오래 있지는 않았어요.

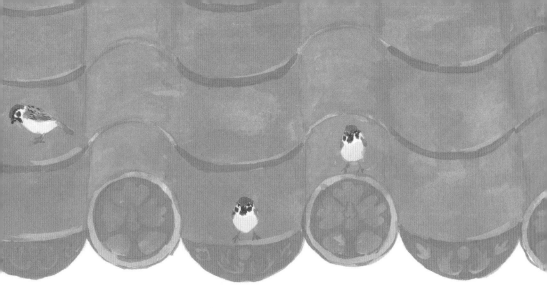

참새들은 근처 주택 정원수에서 떠들다가 우르르 몰려와서
모이를 바닥내고 가곤 했습니다. 그래도 건넛집 지붕에서 순서를
기다리는 모습을 보면 귀여워서 모이를 안 줄 수가 없었어요.
참새는 마트에서 파는 좁쌀 같은 모이도 잘 먹던데 박새는 그건 안 먹고
해바라기씨를 잘 먹었습니다. 가끔 호박씨도 말려서 줘 봤는데
인기는 별로였어요.

산 밑으로 이사하다

경기도 쪽으로 이사를 해야 해서 집을 알아보다가
동네 꼭대기 산 밑에 있는 집을 보고는 마음에 쏙 들었습니다.
창밖으로 산 가장자리가 보여서 왠지 새도 볼 수 있을 것 같았습니다.
사실 산 밑이라고는 해도 주택가라 새를 볼 수 있을지 알 수 없어
막연히 기대만 했는데 정말로 새를 많이 볼 수 있어서 놀라웠습니다.

전에 수목원에서 본 게 전부인 어치도
이곳에서는 매일 봅니다. 산에 가야만 볼 수 있었던
동고비와 딱다구리도 창 너머로 볼 수 있습니다.
그리고 또 놀라운 점은 산에 사는 다른 동물도
자주 볼 수 있다는 거예요. 잣나무 열매를 갉아 먹고
밑으로 던져 버리는 청설모, 가까이서 보니 더 작은 다람쥐,
밤에 괴성을 질러대는 고라니를 봤고,
동네에 숨은 작은 개천에서는 도롱뇽 알을 처음 봤습니다.
다른 동물을 살피는 일도 모두 새 덕분에 알게 된
즐거움 같아요. 처음 직박구리를 발견하고서 넓어진
제 세계가 이곳에서 점점 더 넓어지는 듯합니다.

우리 집에 놀러 올래? 2

산 밑으로 이사하고 신나는 마음에 창가에 작은 모이통을 놓아뒀습니다.
참새들이 금방 알고 오긴 했는데 혹시 참새가 똥을 싸면 아랫집에 떨어질지 몰라
창문이 없는 반대쪽 벽으로 자리를 옮겼습니다.
이쪽은 모이통을 고정할 수 없어서 작은 창문 틀에 해바라기씨를
조르르 놓았습니다. 며칠 지나지 않아 역시나 박새가 다녀가고 참새도 몰려왔습니다.
알고 보니 옆집 작은 정원은 참새 놀이터였어요.

박새는 언제나 제일 먼저 찾아와 주는
고마운 새예요. 동고비는 일 년 내내
꾸준히 해바라기씨를 먹으러 와 주는데
한 번에 2개씩 물고 날아갑니다.

쇠박새는 하나를 물고 근처 나뭇가지에서 먹어요.
참새들은 아예 창틀에 눌러앉아 먹습니다.

겨울철에는 종종 어치가 오기도 하는데
공간이 좁다 보니 오래 있진 못합니다.

가끔 까치나 직박구리도 옵니다.
이 아이들은 딱히 씨를
먹으러 오는 것 같진 않은데
쓸데없이 다른 새들을 쫓아내곤 합니다.
특히 직박구리가요.

아침마다 해바라기씨를 놓아두는데 겨울에는 금방 동이 납니다.
그러면 동고비는 가늘고 예쁜 소리를 내서 저를 부릅니다.
동고비 소리가 너무 가냘프고 이뻐서 저절로 갈 수밖에 없습니다.
모이를 주면서 밖을 내다보면 옆집 정원수에서
참새랑 쇠박새가 기다리고 있습니다.
언젠가부터는 곤줄박이도 자주 옵니다.
모이터는 번식기에 제일 한산하고
겨울철에 가장 북적입니다.

일상이 된 일

창밖을 자주 봅니다. 테이블 위 손 닿는 곳에는 항상 카메라를 두고서
그림을 그리거나 밥을 먹다가 사진을 찍습니다. 검은머리방울새와 흰배지빠귀는
이렇게 창밖을 내다보다가 처음 만났어요.

쓰레기를 버리러 나가서는 꼭 서성거리다 들어옵니다.
이사 오고 처음 맞는 겨울에 쓰레기를 버리러 나갔다가
집 앞에 있는 산사나무에서 들꿩을 처음 만난 것처럼,
되지빠귀가 철쭉 가지 사이에 숨어서
부스럭거리는 것을 본 것처럼 누군가 있을 듯해서요.

전에 살던 곳에 비해
장 보러 가는 길은 훨씬 멀어졌지만
대신 산 근처를 빙 돌아가면서
어떤 새로운 새를 만날지 몰라
두근두근거리는 시간이
많아졌습니다.

오리를 보고 싶을 때는 개천가에서 멀뚱하니
오리만 보다 오기도 하고
개와 산책할 때는 매일 보는 까치나 비둘기 사진을
찍기도 합니다.

그리고 새들을 향한 혼잣말이
조금 늘었습니다.

매일 아침 창틀에 해바라기씨를 조금 놓아 주고
가끔씩 새 사진을 SNS에 올리기도 합니다.

굉장히 별거 아닌 일들인 듯하지만 문득 생각해 보니,
이미 제 일상에는 새들이 특별하게 한자리를 차지하고 있었습니다.

새 관찰 성수기 비수기

저는 겨울에 새를 가장 많이 봅니다. 나뭇잎이 없어서 나무에 있는 새를
찾아보기가 더 쉽기 때문입니다. 개천도 억새와 갈대가 사그라져서 시야가 넓어지고
겨울 철새가 찾아와 풍성해집니다.

봄부터 초여름은 번식하는 새를 볼 수 있습니다. 바쁘게 먹이를 물어다 나르느라
핼쑥해진 부모 새와 바보 같은 아기 새를 볼 수 있어요.
새를 보기 힘든 시기는 한여름과 가을입니다. 한여름에는 너무 더워서
새벽에 돌아다녀야 하는데 아침잠이 많은 저한테는 꿈같은 이야기입니다.
그리고 나뭇잎이 너무 무성해서 여기저기 새소리는 많이 들려도
모습은 잘 보이지 않거든요.

가을 단풍철에는 자꾸만 아름다운 풍경에
눈을 뺏기기 일쑤고요.

집 근처에서
만나다

참새

텃새. 언제 어디서나 흔하게 볼 수 있는
작은 새입니다. 크기는 14cm 정도이고 공원, 주택가,
농경지 등에서 무리를 이루어 생활합니다.
암수 구별이 힘들고 뺨 한가운데 흰 바탕에 있는
검은 점이 특징입니다. 여러 마리가 모여
시끄럽게 짹짹거립니다.

열심히 먹이 활동을 할 때는 조용합니다.
그래서 언뜻 보면 참새가 아니라 땅이 움직이는 것처럼
보일 때도 있어요.

매년 옆 건물 처마에서
참새가 번식합니다.
서로 자리를 차지하려고
시끄럽게 싸우기도 해요.

아직 새끼티를 덜 벗은 참새가 열심히 나방을 먹으려 애씁니다.
이와 달리 고참 참새가 나방을 먹는 방법은 이렇습니다.
새벽에 힘이 다해 바닥에 떨어진 흰나방들을 길 따라 훑어 가며
몸통만 먹어 치웁니다. 참 쉽죠.

한겨울에는 추우니까 참새도 물에 발 담그기 싫은가 봅니다.
이렇게 곡예하듯이 물을 마시는 걸 보면요.

여름에는 더우니까
참새들이 목욕하는 모습을
자주 볼 수 있습니다.
(겨울에는 목욕을 잘 하지 않아
배가 꼬질꼬질해요)

처음에 참새가 흙 속에서
푸드덕거리는 모습을 보고
참새가 아픈 줄 알았습니다.
어디를 다쳐서 움직임이
부자연스럽다고 생각했거든요.
책에서 보니 이는 흙 목욕이라고 하는
자연스러운 행동이래요.

참새들이 모여서 시끄럽게 떠드는 것은
늘 있는 일이지만, 늦은 오후에는
꼭 정해진 장소에 모여서
떠드는 것 같습니다.
동네를 돌아다니다 보면
시끄러운 곳이 정해져 있거든요.

비둘기

텃새. 비둘기는 동네에서 가장 흔하게 볼 수 있는 새입니다. 산이
아니라 도심, 공터, 개천가, 주택가 등 우리 주위에서
함께 살고 있으니까요. 흔히 집비둘기라고 부르며 도감에서는
잘 다루지 않아요. 암수 구별이 힘들고, 매우 작은 머리에
통통한 몸통과 붉은색 발, 부리에 있는
하얀 납막이 특징입니다. 가장 흔한 회색 외에
흰색, 갈색, 검은색 등 색이 다양하고
무늬도 일정하지 않습니다.
여러 마리가 함께 땅에서
먹이 활동을 합니다.

개천 주변에는 '비둘기에게 먹이를 주지 마세요'라는 현수막이
붙어 있지만 어르신들은 개의치 않고 먹이를 줍니다.
어떤 할아버지는 비둘기 스타였습니다. 먹이 주는 사람이란 걸 아는지
비둘기들이 우르르 할아버지 주위로 몰려들어서 아름다운 장면을 만들었습니다.
한 녀석은 아주 친한 척 할아버지 어깨에 올라타기도 했고요.
어르신은 사람들 시선과 비둘기들이 보여 주는 환영식이 만족스러우셨는지
입가에 미소를 띤 채 가지고 나온 먹이를 개천가 바닥에 뿌리셨습니다.
그런데 먹이를 너무 한 곳에만 줬는지 비둘기들이 연못 속 잉어들처럼 모여들어서
서로 치열하게 자리싸움을 해야 했습니다.

비둘기 날리기. 고양이 대신 꼬마가, 심심한 누군가가,
언젠가 저도 한 번은 해 봤던 장난입니다.
지금은 미안해서 못 합니다.
저도 밥 먹을 때 누가 건드리면 싫거든요.

비둘기는 한 번 터를 잡으면 좀처럼 이사 가지 않습니다. 저희 친정어머니가
살고 계신 빌라에도 비둘기가 창문 위 틈으로 둥지를 틀었습니다.
매일 쓸고 치워도 비둘기 똥과 깃털로 집 주변이 어질러져 골치를 썩고 계세요.

이렇게 직접 피해를 주지 않더라도 비둘기는 길에서 더러운 걸 먹거나
사람이 지나가도 얼른 피하지 않는다는 이유만으로 미움을 받습니다.
게다가 날개에 세균이 많다는 이유로 사람들에게 공포의 대상이 되기도 하죠.

어쨌든 도시에서 비둘기는 골칫거리 새가 되어 버렸습니다.
아마 비둘기도 불친절한 도시보다는 풀밭이 더 편할지도 모릅니다.
풀꽃 사이에서는 비둘기가 유난히 예뻐 보였으니까요.

직박구리

텃새. 어디서나 흔하게 볼 수 있는 새입니다.
크기는 28cm 정도이며 비둘기보다 작고 날씬합니다.
암수 구별이 힘들고, 머리깃은 무스를 바른
것처럼 쭈뼛쭈뼛해서 개성 넘칩니다.
뺨에 큰 갈색 점이 있고 '삐잇 삐잇'하며
굉장히 시끄러운 소리를 냅니다.
날아다닐 때는 파도치듯 위아래로
날아서 잘 알아볼 수 있어요.

저희 동네에서는 직박구리가 산 입구 키 큰 나무에 주로 모여 있습니다.
지나갈 때마다 자꾸 시끄럽게 우니까 왠지 감시당하는 느낌이 들곤 합니다.

하루는 산에서 산책하고 내려오는데 두 마리가 너무 무섭게 울어댔습니다.
저한테 달려들듯이 휙 스쳐가면서 말이죠. 무서워서 조금 떨어진 다음 살펴보니까
제 키보다 낮은 가지에 새끼가 있었습니다. 이제 막 세상을 배우러 나왔는지
새끼를 향한 부모 사랑이 너무 극진해서 최대한 멀리 돌아서 집에 와야 했습니다.
직박구리 새끼는 솔직히 말해서 못생겼어요. 그런데 못생겨서 더 귀엽습니다.
못난이 인형처럼요.

집 앞 산 가장자리에는 소나무, 잣나무, 산사나무, 산수유나무 등이 있습니다.
매년 2월 말에서 3월 초쯤은 산사나무 열매가 탈탈 털리는 기간입니다.
직박구리가 스무 마리 이상씩 우르르 몰려와서 산사나무 열매를 몽땅
해치우거든요. 한 이틀에 걸쳐서 먹고 가는데 집에서 소리만 듣고 있으면
무슨 큰일이라도 난 것 같습니다. 정말 정말 시끄러워요.

언젠가 봄에 친구들과 여수로
여행을 갔습니다.
그곳에도 직박구리가 많아서
반가웠어요.
그런데 여수 직박구리는
저희 동네 직박구리와
뭔가 달라 보였습니다.

높게 날지 않고 굉장히 통통했어요. 바닷가라 그런지 여기저기에서
홍합과 굴 등을 삶아 말리고 있었는데 직박구리들이 그걸 열심히 주워 먹었습니다.
그 모습을 보고 나니 통통한 게 이해가 되더라고요.

저희 동네에서 보던 날쌘하고 재빠른 직박구리보다
여유 있어 보이는 모습이 인상 깊었습니다.

까치

텃새. 공원, 도심, 산 근처 등 어디서나 쉽게 볼 수 있습니다.
크기는 46cm 정도이고 꼬리가 아주 깁니다.
높은 나무에 커다란 둥지를 짓기 때문에
가로수에서도 쉽게 볼 수 있습니다.
날개와 꼬리깃은 청록색 광택이 도는
검은색입니다.

어린 까치가 공원 풀밭 한가운데서 비닐과 놀고 있습니다.
어린 새는 보통 입꼬리가 아물지 않아서 생김새가
조금 우스워 보입니다. 꼬리도 덜 자라서 짧습니다.

까치는 대부분 한 나무에
둥그런 둥지 하나씩만 짓던데
가끔 이렇게 여러 층에 둥지를 지은 것도
볼 수 있습니다.

아직 어린 까치들이라 그런지
담배꽁초를 한참 가지고 놀았습니다.

동네 공원 흙길이나 산길에 깔린
식생매트는 까치한테 둥지 재료로
인기가 높습니다. 한창 둥지 재료를 찾는
시기에는 열심히 매트 뜯는 모습을
여기저기서 볼 수 있어요.

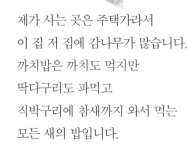

제가 사는 곳은 주택가라서
이 집 저 집에 감나무가 많습니다.
까치밥은 까치도 먹지만
딱다구리도 파먹고
직박구리에 참새까지 와서 먹는
모든 새의 밥입니다.

눈이 많이 왔던 해 어느 아침,
개천에 나가 봤더니 사람 발자국은 없고
까치 흔적만 잔뜩 있었습니다.
길게 남은 자국은 꼬리깃을 질질 끈 흔적,
양쪽으로 뻗은 자국은 날개를 펼치면서 남은
선명한 흔적입니다.

황조롱이도 맹금류인데
까치가 머릿수로 밀고 오면
어쩔 수 없나 봅니다.
다른 곳으로 쫓겨날 수밖에요.

동네에서 쓰레기 봉지를 뜯는 까치와
한몫하려고 기다리는 참새들 모습을 보니
어이가 없어서 헛웃음이 나옵니다.
까치는 아무래도 골목대장이 잘 어울리는 것 같아요.

거친 성격은 뒤로하고 까치한테는 고마운 마음이 있습니다.
커다랗고 우아하며 아름다운 날갯짓을 매일 보여 주니까요.
유연하게 파란 하늘을 나는 모습을 보면 볼 때마다 기분이 좋아집니다.

공원과 산에서
만나다

박새들

박새

쇠박새

곤줄박이

진박새

곤줄박이

텃새. 공원, 산 근처, 주택가 등에서 종종 볼 수 있습니다.
크기는 14cm 정도로 참새와 비슷합니다.
암수 구별이 힘들고, 이마에서 뺨까지
연한 노란색이 이어집니다.

동네 뒷산 땅에서 돌아다니며
열매를 찾는 모습을 자주 봅니다.
나무를 쪼는 소리가 들릴 때 둘러보면
딱다구리가 대부분이나
어쩌다가 곤줄박이일 때도 있어요.

박새

텃새. 공원, 산 근처, 주택가 등에서 흔하게 볼 수 있습니다.
크기는 14cm 정도로 참새와 비슷합니다.
턱에서부터 아랫배까지 검은 선이 이어지는데
암컷은 수컷에 비해 선이 가늡니다.

번식기가 한창일 때는 사람을 아직 무서워하지 않는
어린 새를 종종 볼 수 있습니다.
하루는 열린 복도 창 사이로 들어와서
못 나가고 있는 어린 박새가 있기에
종이에 올려서 내보내려 했는데,
정작 이 녀석은 자연스럽게 제 손에
척 올라섰습니다.
새를 만져 본 적이 없어서 놀랍고 두근두근했어요.
따가운 발톱 감촉을 느끼며 밖으로
날려 보내 줬습니다.

쇠박새

텃새. 공원, 산 근처 등에서 종종 볼 수 있습니다.
크기는 11cm 정도로 참새보다 작습니다.
암수 구별이 힘들고 박새 종류 중에서
　　가장 생김새가 수수합니다.

집 앞 산 가장자리에 있는 벚나무에서
쇠박새가 몇 년째 번식합니다.
방에서 지켜볼 수 있는 위치라서 번식기가 되면
　　자연스럽게 쇠박새를 기다리곤 하죠.
　　　　겨울에 구멍을 살펴봤는데 굉장히 좁아서
　　　　다른 새는 번식하기 힘들 것 같습니다.

진박새

텃새. 공원, 산 근처 등에서 볼 수 있습니다.
크기는 11cm 정도로 참새보다 작습니다.
머리깃이 짧아서 정수리 부분이 쭈뼛 섰습니다.

도감에서는 흔하다고 나오는데 저는 한 번밖에 못 봤습니다.
공원 화장실 옆 소나무 근처에서 다른 몇몇 새와 함께 있었습니다.
왜 제 눈에만 안 보이는 걸까요?

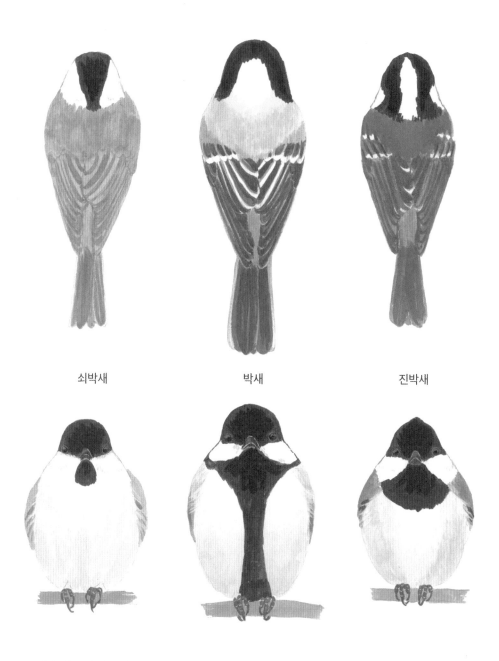

쇠박새　　　　　　　박새　　　　　　　진박새

처음에는 야외에서 본 박새 무리를 구별하기가 힘들었습니다.
각각 특징을 정확히 알아야 구별할 수 있는데 느낌만으로 구별하려다 보니
틀릴 때가 많았어요. 도감 사진을 보면 대부분 옆모습이라서
비교하기 쉽게 뒷모습과 앞모습을 그려 봤습니다.

딱새

텃새. 공원, 산 근처, 주택가 등에서 쉽게 볼 수 있습니다.
크기는 14cm 정도로 참새와 비슷합니다.
암수 모습이 많이 다르고, 암컷은 온몸이 갈색을 띠며
수수합니다. 암수 모두 날개에 있는 흰 점이
특징이고, 앉았을 때 꼬리를 '차르르' 떠는
습성이 있습니다.

참새, 비둘기밖에 모르던 시절, 공원에 웬 예쁜 새가 있기에
사진을 찍은 적이 있습니다. 나중에 확인해 보니 딱새 암컷이었어요.
참새와 달리 눈이 동그랗고 큼직해서 더 예뻐 보였던 것 같습니다.

이끼는 새 둥지 재료로 많이 쓰입니다.
제 눈에 이끼는 다 비슷해 보이는데
딱새 암컷은 딱 한 곳에서만
계속 이끼를 물어 날랐습니다.
주변 바위가 온통 이끼로
덮였는데도 말이지요.

제법 날 줄 아는 새끼가 아빠 새한테 자꾸 울어대는데도
아빠는 매정하게 모르는 척합니다.
멀리 날아가지는 않고 근처에서 외면만 합니다.
새끼가 홀로서기를 연습하는 과정에
'매정하게 외면하기' 단계가 있나 봅니다.

붉은머리오목눈이

텃새. 공원, 산 근처, 개천가 등 키 작은 나무에서
자주 볼 수 있습니다. 크기는 13cm 정도이고
꼬리가 매우 길지만 몸통은 참새보다 작습니다.
암수 구별이 힘듭니다.
전체 색은 붉은 갈색으로 눈에 잘 띄지는
않지만 생김새는 매우 귀엽습니다.

키 작은 나무나 키 큰 풀 사이를 무리 지어 돌아다닙니다.
그래서 소리는 자주 들어도 모습을 잘 볼 수는 없습니다.
어쩌다 트인 땅에 있을 때면 귀여운 모습을 자세히 볼 수 있어요.

번식기에 가냘픈 새소리가 들려 살펴보면 둥지를 떠나는(이소)
어린 붉은머리오목눈이일 때가 많습니다. 이 무렵에는 어미와 새끼가 쉬지 않고
울어 대기 때문에 안 보려야 안 볼 수가 없어요. 아직 나는 게 서툰 새끼 서너 마리가
열심히 어미를 따라 높지 않은 나무나 풀 등으로 옮겨 다닙니다.
어린 붉은머리오목눈이는 꼬리가 짤따랗다가 점점 길어집니다.

몇 해 전까지 붉은머리오목눈이들이 떠들던
철쭉나무가 왜인지 죽어 버렸습니다.
거기에 새 둥지 하나가 달려 있어 보니
붉은머리오목눈이 둥지였어요.
조심스럽게 가지를 꺾어서 집에 모셔
놨습니다. 이 둥지는 제가 주워 온 보물
1호라서 이사 올 때 작은 트렁크를
온통 뽁뽁이로 채운 다음 담아서 소중히
옮겨 왔습니다.

개천가 물풀 줄기에 매달려
뭐하나 살펴보니
줄기를 부리로 뜯어서
뭔가를 찾아 먹고 있습니다.
너무 부산스럽게 움직여서
사진 찍기는 참 힘들지만
붉은머리오목눈이는 뭘 해도
정말 귀여워 보입니다.

오목눈이

텃새. 공원, 산 근처 등에서 종종 볼 수 있습니다.
크기는 14cm 정도이고 꼬리가 매우 길며
몸통은 참새보다 작습니다.
암수 구별이 힘들고 긴 꼬리와 눈 위쪽에 있는
노란색 테가 특징입니다.

공원에서 어미를 따라 이동하는 새끼들을 봤는데
붉은머리오목눈이 새끼와 달리 키 큰 나무로 옮겨 다녔습니다.
오목눈이 새끼는 눈 위쪽에 있는 테가 붉습니다.

동고비

텃새. 산 근처에서 어렵지 않게 볼 수 있습니다.
크기는 14cm 정도로 참새와 비슷합니다.
암수 구별이 힘들고, 부리가 길고 곧습니다.
발톱이 잘 발달해서 딱다구리처럼 자유롭게
나무를 오르내릴 수 있습니다.

가장 특징적인 동고비 자세는
나무를 위에서 아래로 타면서 머리를 치켜드는 자세입니다.
저희 집에 해바라기씨를 먹으러 올 때도 위에서부터
벽을 타고 내려오더라고요.

환기를 하려고 조금 열어
두었던 창으로 들어온
동고비가 다시 나가지
못한 채 있었습니다.
나가려고 얼마나
애썼는지 숨을 쌕쌕대는
게 보였어요. 종이를
접어서 종이에 올라가게
한 뒤 밖으로 내보내
줬습니다. 윗집 계단
쪽 창문이었지만 다른
새가 또 올지 몰라 닫아
뒀습니다.

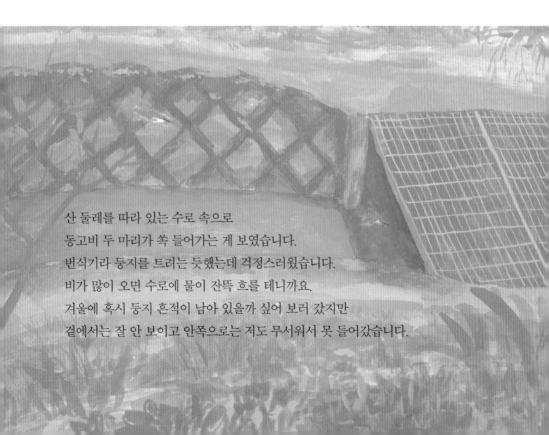

산 둘레를 따라 있는 수로 속으로
동고비 두 마리가 쏙 들어가는 게 보였습니다.
번식기라 둥지를 트려는 듯했는데 걱정스러웠습니다.
비가 많이 오면 수로에 물이 잔뜩 흐를 테니까요.
겨울에 혹시 둥지 흔적이 남아 있을까 싶어 보러 갔지만
곁에서는 잘 안 보이고 안쪽으로는 저도 무서워서 못 들어갔습니다.

노랑턱멧새

텃새. 공원이나 산 근처에서 종종 볼 수 있습니다.
크기는 14cm 정도로 참새와 비슷합니다.
암수 모습이 약간 다르고, 수컷에 비해 암컷은
머리 쪽 검은색과 노란색이 연합니다.
머리깃을 세운 모습을 자주 볼 수 있습니다.

노랑턱멧새가 땅에서 먹이 활동하는 모습을 자주 봅니다.
한번은 노랑턱멧새 암컷인 줄 알고 뒷모습을 찍었는데
나중에 다시 보니까 쑥새였습니다.
항상 얼굴 부분만 보고 판단해 왔기에 뒷모습은 유심히 안 봤거든요.
쑥새는 허리 부분에 비늘 무늬가 있고
노랑턱멧새는 무늬가 없이 연한 갈색이랍니다.

굴뚝새

텃새. 개천가나 산 근처에서 어쩌다 볼 수 있습니다.
크기는 10cm 정도로 매우 작습니다.
암수 구별이 힘들고 온몸이 어두운 갈색이며
부리가 가늘고 깁니다.
귀엽게 바짝 치켜세운 꼬리가
특징입니다.

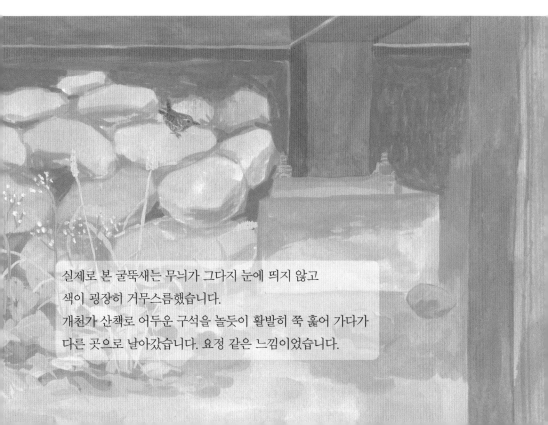

실제로 본 굴뚝새는 무늬가 그다지 눈에 띄지 않고
색이 굉장히 거무스름했습니다.
개천가 산책로 어두운 구석을 놀듯이 활발히 쭉 훑어 가다가
다른 곳으로 날아갔습니다. 요정 같은 느낌이었습니다.

때까치

텃새. 개천가, 산 근처, 공원 등에서 종종 볼 수 있습니다.
크기는 20cm 정도이고 머리가 큰 편입니다.
암수 모습이 조금 다릅니다. 수컷은 눈 주위에
검은 선이 있고 날개에 흰점이 있습니다.
암컷은 눈 주위에 검은 선이 없고 수컷에 비해
배 쪽 비늘 무늬가 뚜렷합니다.
작은 새나 개구리, 쥐 등을 사냥하며
먹이를 뾰족한 곳에 꽂아서
저장해 두는 습성이 있습니다.

주로 개천 근처에서 봤는데 어느 날은 집 앞에서도 봤습니다.
암컷이 나무에서 땅을 향해 빠르게 내려갔다 다시 나무에 올라앉기를 반복하며
열심히 먹이 활동을 했습니다. 그런데 사냥에 성공하지는 못해
다른 곳으로 이동했어요.

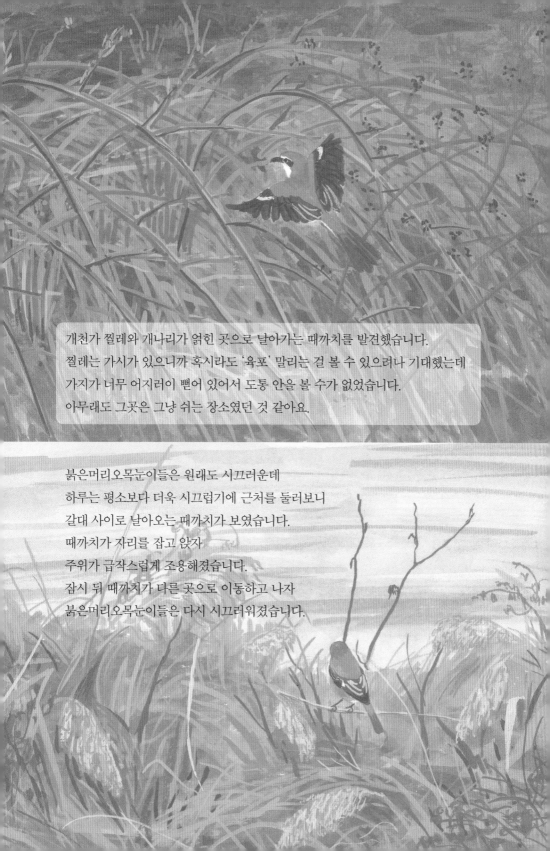

개천가 찔레와 개나리가 얽힌 곳으로 날아가는 때까치를 발견했습니다.
찔레는 가시가 있으니까 혹시라도 '육포' 말리는 걸 볼 수 있으려나 기대했는데
가지가 너무 어지러이 뻗어 있어서 도통 안 볼 수가 없었습니다.
아무래도 그곳은 그냥 쉬는 장소였던 것 같아요.

붉은머리오목눈이들은 원래도 시끄러운데
하루는 평소보다 더욱 시끄럽기에 근처를 둘러보니
갈대 사이로 날아오는 때까치가 보였습니다.
때까치가 자리를 잡고 앉자
주위가 급작스럽게 조용해졌습니다.
잠시 뒤 때까치가 다른 곳으로 이동하고 나자
붉은머리오목눈이들은 다시 시끄러워졌습니다.

개똥지빠귀

겨울철새. 공원, 산 근처에서 종종 볼 수 있습니다.
크기는 23cm 정도이고 암수 모습이 약간 다릅니다.
암컷은 수컷에 비해 색이 연합니다.

처음 개똥지빠귀를 본 곳은 공원 옆에 있는
낮은 언덕 꼭대기였습니다.
생김새가 수수해서 그저 평범한 재라고만 생각했죠.
그런데 근래 몇 년 동안 산사나무 열매를 먹으려다
직박구리한테 박하게 쫓겨나는 모습을 보다 보니까
겁이 많은 새인 것 같아 안쓰러워졌습니다.

노랑지빠귀

겨울철새. 공원, 산 근처에서 종종 볼 수 있습니다.
크기는 23cm 정도이고 암수 모습이 약간 다릅니다.
암컷은 수컷에 비해 색이 연하고
멱에 검은 줄무늬가 있습니다.

지빠귀 무리 가운데 제일 자주 보이는 새입니다.
겨울에 개똥지빠귀와 함께 직박구리에게 쫓겨났지만
금방 돌아와서 요리조리 열매를 따 먹곤 했습니다.

되지빠귀

여름철새. 공원, 산 근처에서 어쩌다 볼 수 있습니다.
크기는 23cm 정도이고 암수 모습이 약간 다릅니다.
암컷은 몸 윗면 색깔이 수컷에 비해 탁하고
멱과 가슴에 검은 줄무늬가 있습니다.

집 앞 산 가장자리, 철쭉과 회양목으로 쭉 둘러진 곳 안쪽에서 바스락거리는 소리가
들렸습니다. 참새들이 움직이면서 나는 소리겠거니 했는데 다가가도 날아가는 참새는
없었습니다. 언뜻 보이는 모습으로 되지빠귀인 걸 확인은 했습니다.
그러나 소리는 계속 들리는데 가지 사이가 너무 촘촘해서 모습은 잘 보이지 않아
굉장히 신경을 써서 봐야 했던 새입니다.

흰배지빠귀

여름철새 또는 텃새.
공원, 산 근처에서 어쩌다 볼 수 있는 새입니다.
크기는 23cm 정도이고 암수 모습이 약간 다릅니다.
암컷은 수컷에 비해 머리 색이 연하고
멱에 검은 줄무늬가 있습니다.

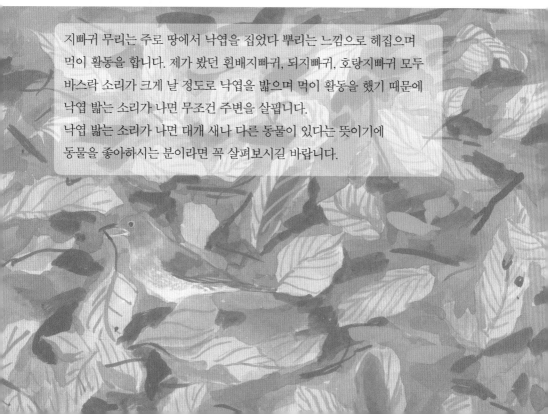

지빠귀 무리는 주로 땅에서 낙엽을 집었다 뿌리는 느낌으로 헤집으며
먹이 활동을 합니다. 제가 봤던 흰배지빠귀, 되지빠귀, 호랑지빠귀 모두
바스락 소리가 크게 날 정도로 낙엽을 밟으며 먹이 활동을 했기 때문에
낙엽 밟는 소리가 나면 무조건 주변을 살핍니다.
낙엽 밟는 소리가 나면 대개 새나 다른 동물이 있다는 뜻이기에
동물을 좋아하시는 분이라면 꼭 살펴보시길 바랍니다.

딱다구리들

뒷모습이 모두 비슷해 보이지만
흰색 무늬가 저마다 다르게 생겼습니다.

아물쇠딱다구리

쇠딱다구리

오색딱다구리

큰오색딱다구리

청딱다구리

쇠딱다구리

텃새. 산과 공원에서 종종 볼 수 있습니다.
크기는 15cm 정도이고
딱다구리 가운데 제일 작습니다.
암수 똑같이 생겼고
수컷의 빨간 귀깃으로 구별합니다.
등 쪽에 흰색 가로줄이 여러 줄 있고
머리 쪽은 옅은 갈색입니다.

공원에서 어미가 새끼 두 마리를 데리고
야무지게 먹이 활동을 가르칩니다.
새끼들은 어미를 따라 부지런히
이 나무 저 나무로 옮겨 다닙니다.
홀로서기가 머지않은 것 같습니다.

오색딱다구리

텃새. 산과 공원에서 종종 볼 수 있습니다.
크기는 24cm 정도이고
암수는 수컷의 빨간 뒤통수로 구별합니다.
어깨깃에 크고 흰 무늬가 있습니다.

공원에서 잣나무 열매를 물고 가서는 근처 나무 구멍에 넣어 놓는 걸 봤습니다.
그 모습을 봤을 때는 당연히 먹었다고 생각했는데
나중에 사진으로 확인하니 잣 열매가 나무에 쏙 박혀 있었습니다.

큰오색딱다구리

텃새. 산과 공원에서 가끔 볼 수 있습니다.
크기는 28cm 정도이고
암수는 수컷 머리 위쪽이 빨간 것으로
구별합니다. 암수 모두 옆구리에
검은색 세로줄이 있습니다.

처음에는 오색딱다구리와
구별하기가 어려웠습니다.
특히 암컷이 어려웠는데 등에 난 무늬와
몸통에 난 줄을 집중해서 보니까
쉽게 구별할 수 있었어요.

아물쇠딱다구리

텃새. 산에서 어쩌다 볼 수 있습니다.
크기는 20cm 정도이고
쇠딱다구리보다 조금 큽니다.
수컷 머리에 있는 빨간 점으로
암수를 구별할 수 있습니다.
등 쪽에 크고 하얀 무늬가 있습니다.

쇠딱다구리와 비슷해서 도감을 보고서야 아물쇠딱다구리인 줄 알았습니다.
운이 좋게도 먹이 잡는 사진을 찍었는데 사진을 확대하니
빨갛고 기다란 혀가 보였어요.

청딱다구리

텃새. 공원, 산 등에서 종종 볼 수 있습니다.
크기는 30cm 정도이고 몸이 다부집니다.
암수는 수컷의 빨간 이마로 구별합니다.
다른 딱다구리와 색이 달라서
한눈에 알아볼 수 있습니다.

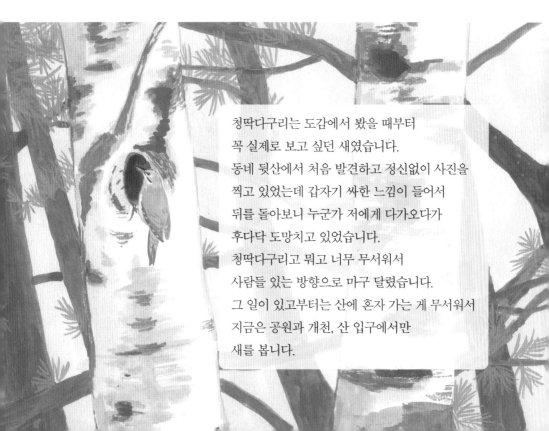

청딱다구리는 도감에서 봤을 때부터
꼭 실제로 보고 싶던 새였습니다.
동네 뒷산에서 처음 발견하고 정신없이 사진을
찍고 있었는데 갑자기 싸한 느낌이 들어서
뒤를 돌아보니 누군가 저에게 다가오다가
후다닥 도망치고 있었습니다.
청딱다구리고 뭐고 너무 무서워서
사람들 있는 방향으로 마구 달렸습니다.
그 일이 있고부터는 산에 혼자 가는 게 무서워서
지금은 공원과 개천, 산 입구에서만
새를 봅니다.

멧비둘기

텃새. 공원, 산, 주택가 등에서 쉽게 볼 수 있으며
산비둘기라고도 합니다.
크기는 33cm 정도이고 흔하게 보는 집비둘기와
체형이 같습니다. 암수 구별이 힘듭니다.
생김새가 일정하기 때문에
색과 무늬가 여러 가지인
집비둘기와 구별할 수 있습니다.

땅에서 먹이 활동하는 모습을 자주 봅니다. 멧비둘기는 '구구- 구구-'하며
단조로운 소리를 내는데 가만히 듣고 있으면 이상하게 졸음이 옵니다.

새는 방귀를 뀔 수 없다고 알았는데 저는 멧비둘기가 방귀 뀌는 소리를 들었습니다.
'뿌욱'하는 방정맞은 소리를 두 번이나 들었어요.
언젠가 전문가 분에게 여쭤볼 기회가 생겨서 여쭤봤더니
사실 방귀 소리가 아니라 경계할 때나 싸울 때 어깻죽지로 내는 위협 소리라고
말씀해 주셨습니다. 저는 사람이라 그런지 하나도 무섭지 않고 웃음만 났지만요.

멧비둘기는 나무에서 울 때를 제외하곤 조용한 새입니다. 소박한 느낌이에요.
그래서 마른 풀 사이에서 움직이면 덩치가 큰 데도 눈에 잘 띄지 않습니다.

어치

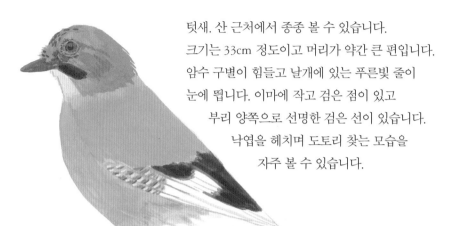

텃새. 산 근처에서 종종 볼 수 있습니다.
크기는 33cm 정도이고 머리가 약간 큰 편입니다.
암수 구별이 힘들고 날개에 있는 푸른빛 줄이
눈에 띕니다. 이마에 작고 검은 점이 있고
부리 양쪽으로 선명한 검은 선이 있습니다.
낙엽을 헤치며 도토리 찾는 모습을
자주 볼 수 있습니다.

저는 수목원에서 어치를 처음 봤습니다.
갈색 머리와 날개에 있는 푸른색 줄 등을
기억해 뒀다가 도감에서 찾아봤습니다.
크기가 큰 새에서 찾으니까 어렵지 않았어요.

산 근처로 이사 와서 제일 자주 보는 새가
어치입니다. 덩치도 크고 '곽곽'거리고
자주 부스럭대서 눈에 참 잘 띕니다.
한번은 가까이에서 어치가 도토리 까먹는 걸
관찰했습니다. 껍질을 까면서도
연신 두리번거리며 주위를 경계했습니다.
야무지게 부리로 찍고 까다가
바닥으로 도토리를 떨어뜨렸는데
어지러운 풀밭에서도 잘 찾더라고요.
그러다 자리가 마음에 안 들었는지
다른 나무로 옮겨가 남은 도토리를
먹었습니다.

제가 사는 곳이 2층이라서
나무 위쪽도 잘 보입니다.
봄이 되면 둥지 재료로 쓸
잔가지를 열심히 물어 나르는
어치를 볼 수 있습니다.
굉장히 신경 써서
잔가지를 고르기 때문에
탈락한 가지들로
바닥이 어지러워지곤 합니다.

동네를 산책하다 어치가
산 옆에 있는 주택으로
날아가는 걸 봤습니다.
어치를 따라서 카메라를
들이댔는데 베란다 창으로
주인아주머니가 무섭게 저를
내려다보고 있었습니다.
어치 새끼들이 보고 싶었지만
이건 아니다 싶어 카메라를
거두고 산 쪽만 바라보며
다시 산책을 했습니다.
이후로는 가정집 쪽으로
카메라를 들이대지 않도록
특별히 신경을 씁니다.
그나저나 자기 집 베란다에
어치 식구들이 있다는 걸
그 아주머니는 알까요?

평소 어치는 '꽉꽉'거리지만 가끔 휘파람 같은 소리를 내기도 합니다.
어치는 원래 다른 새 울음소리를 잘 흉내 내는 새라고 해요.
저도 몇 번 속았답니다.

남편이 호들갑 떨며 나와 보라길래 봤더니
어치가 옆 건물 현관 유리에 부딪혀서
바닥에 멍하니 있었습니다.
10분 정도 뒤에 아직 있나 하고 가 보니
다행히 정신을 차리고 날아간 것 같았어요.

황조롱이

텃새. 산 근처에서 종종 볼 수 있습니다.
크기는 암컷이 38cm, 수컷이 33cm 정도로
암컷이 수컷보다 큽니다. 암수 모습이 조금 다릅니다.
수컷은 머리와 꼬리가 청회색이고
등 쪽은 적갈색인데 암컷은 전체가
적갈색이며 검은 가로줄이 있습니다.
하늘에서 정지 비행하는 모습을
자주 볼 수 있습니다.

높은 곳을 좋아하는 새라 그런지 가지 끝부분에 어렵사리 앉은 모습을 가끔 봅니다.
잡을 게 없는 한쪽 발이 무안해 보이긴 하지만 발을 동그랗게 만 모습이
맹금류답지 않게 귀엽습니다.

까마귀

텃새. 산 근처나 주택가 등지 높은 곳에서
자주 볼 수 있습니다. 크기는 50cm 정도이고
온몸이 새까매서 다른 새와 쉽게 구별할 수 있습니다.
암수 구별이 힘듭니다.
　　큰부리까마귀와 매우 비슷한데
　　　부리와 이마 생김새가 약간 다릅니다.

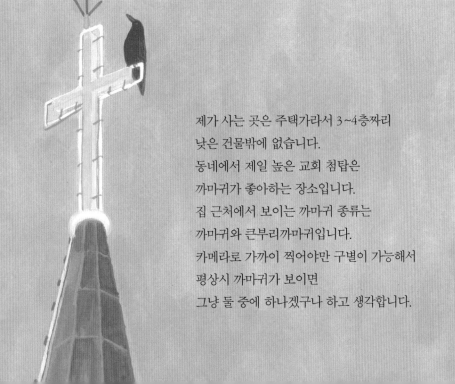

제가 사는 곳은 주택가라서 3~4층짜리
낮은 건물밖에 없습니다.
동네에서 제일 높은 교회 첨탑은
까마귀가 좋아하는 장소입니다.
집 근처에서 보이는 까마귀 종류는
까마귀와 큰부리까마귀입니다.
카메라로 가까이 찍어야만 구별이 가능해서
평상시 까마귀가 보이면
그냥 둘 중에 하나겠구나 하고 생각합니다.

들꿩

텃새. 산에서 어쩌다 볼 수 있습니다.
크기는 36cm 정도이고 몸이 굉장히 둥그렇습니다.
암수가 비슷하게 생겼고 수컷은 턱 밑이 진한
검은색입니다. 주로 땅에서 활동합니다.

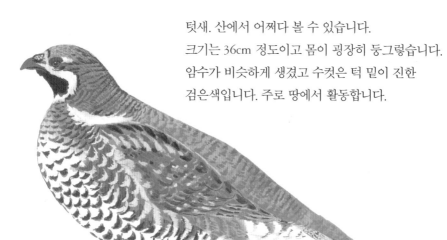

땅에서 활동하는 암컷입니다.
암컷도 턱 밑이 검긴 한데
색이 조금 연하고 지저분한 느낌이라서
수컷과 구별할 수 있어요.

처음 들꿩을 본 건 눈이 많이 내린 다음날이었습니다.
먹이를 찾아서 산 밑까지 내려온 것 같았습니다.
산 끄트머리 높이와 산사나무 꼭대기 위치가 비슷해서
나무에 있는 모습을 여러 번 봤습니다. 열매보다는 겨울눈을 더 따 먹었습니다.
모조리 따 먹는 게 아니라 듬성듬성 천천히 따 먹었습니다.
그 모습을 보는 내내 들꿩 몸에 비해 나뭇가지가 너무 가느다란 건
아닐까 싶어 걱정스러웠어요.

그래서 그런지 나뭇가지에서 굉장히 천천히 움직였기에
도대체 산으로 돌아갈 때는 어떻게 가는 걸까 싶어
줄곧 지켜봤습니다. 일단 산을 바라보며 나무에 걸친 전깃줄에
올라섰습니다. 그리고 똥그란 뒷모습을 남긴 채 '쑝'하고
날아갔습니다. 날아갔다기보다는 던져지듯이 직선으로 갔습니다.
나는 게 서툰 것 같았습니다.

꿩

텃새. 산에서 종종 볼 수 있습니다.
크기는 암컷이 60cm, 수컷이 85cm 정도로
암수 덩치 차이는 크지 않으나
꼬리깃 길이는 차이가 많이 납니다.
수컷은 굉장히 화려한 데 반해
암컷은 갈색 바탕에 얼룩이 있는 수수한 모습입니다.

암컷은 몸 색깔이 수수하긴 하지만 눈 주위는 흰색과 붉은색이 어우러져 예쁩니다.
수컷보다 겁이 많은지 잘 숨고 경계를 늦추지 않습니다.

숲이 우거지지만 않으면 꿩 수컷은 멀리서도 잘 보입니다.
소리도 뭐 어디 따로 들어볼 필요가 없습니다.
그냥 '꿩꿩' 울거든요.

수컷과 달리 암컷은 보호색이 강해서 마음먹고 숨으면 찾기가 힘듭니다.
박물관에서 새 알 모아 놓은 것을 본 적이 있는데 꿩 알은 생각보다 작았어요.
알 크기가 덩치와 꼭 비례하는 건 아닌가 봅니다.

개천에서
만나다

오리들

쇠오리 수컷 변환깃

쇠오리 수컷

쇠오리 암컷

흰뺨검둥오리

청둥오리 암컷

청둥오리 수컷 변환깃

청둥오리 수컷

쇠오리

겨울철새. 겨울이면 개천에서 흔하게 보이는
작은 오리입니다. 크기는 38cm 정도입니다.
평소에는 암컷과 수컷 모습이 많이 다르지만
수컷이 변환깃을 띠면 암컷과 비슷해집니다.
'뚜루 뚜루'하는 귀여운 소리를 냅니다.

봄이 되면 개천에 살던 쇠오리는 모두 떠납니다.
그런데 가끔 늦게까지 남아 있는 암컷이 보이기도 해요.
사진을 찍을 때는 암컷이라고 생각했는데
모니터로 자세히 들여다보면 이따금 변환깃으로 바뀌는 단계인
수컷일 때도 있습니다.

청둥오리

겨울철새 또는 텃새. 개천에서 굉장히 흔하게 보입니다.
크기는 59cm 정도이고 통통합니다.
평소에는 수컷과 암컷 모습이 많이 다르지만
수컷이 변환깃을 띠면 암컷과 비슷해집니다.
그러나 수컷 부리의 노란색은 변하지 않기
때문에 구별할 수 있습니다.
집오리 원종으로 집오리와
번식해서 무리를
이루기도 합니다.

불광천에서 텃새로 살던 청둥오리 네 마리입니다.
암컷 한 마리와 수컷 세 마리가 늘 함께 다녔어요.
수컷들은 덩치가 굉장히 크고 생김새가 미세하게 청둥오리와
달랐기에 잡종청둥오리 같기도 했습니다.

오리는 날개 힘이 굉장히 세서 먼 길도 이동할 수 있다고
합니다. 힘이 세서 그런지 개천을 나는 모습을 보면
오히려 날갯짓이 벅차 보이고, 착지할 때도 요란하게 물을
'촤아'하고 튀깁니다.

쇠오리, 청둥오리, 흰뺨검둥오리는 모두 몸을 물에 반만 담그고
먹이활동을 합니다. 오리가 단체로 엉덩이만 내밀고 있는
모습을 보면 재밌어요.

흰뺨검둥오리

겨울철새 또는 텃새. 개천에서 쉽게 볼 수 있습니다.
텃새답게 번식도 아주 흔하게 합니다.
크기는 61cm 정도로 청둥오리와 비슷합니다.
암컷과 수컷이 비슷하게 생겼습니다.
언뜻 보면 청둥오리 암컷과 비슷하지만
부리가 다릅니다.
검은색에 끝부분만 노란 것이
흰뺨검둥오리입니다.

새끼를 한 번에 열 마리 내외로 키웁니다.
겉으로 보기에는 몇 마리 보이지 않는데 어미 품속에 모두 들어가 있으려나요.

장마철에 비가 많이 쏟아지면 개천에 있는 오리들이 궁금해지곤 합니다.
하루는 비가 조금 잦아들어 개천에 나가 보니 물이 어느 정도 빠진
산책길을 흰뺨검둥오리 가족이 차지하고 있었습니다.
무사한 것 같아 마음이 놓였어요.

초여름쯤 개천은 오리 새끼로 북적입니다.
흰뺨검둥오리 새끼와 청둥오리 새끼는 굉장히 비슷하게 생겼어요.
그래서 저는 항상 어미와 함께 있는 사진을 먼저 찍어 놓습니다.
새끼 발은 부모와 달리 몸통처럼 어두운 색이에요.

원앙

겨울철새 또는 텃새. 개천이나 산림 계곡 근처에서
가끔 볼 수 있습니다. 크기는 45cm 정도로
청둥오리보다 작습니다.
평소에는 수컷과 암컷 모습이 많이 다르지만
수컷이 변환깃을 띠면
암컷과 비슷해집니다.
그러나 수컷 부리의 붉은색은
변하지 않으니까
구별이 가능합니다.

수컷이 너무 화려하다 보니까 암컷 미모가 가려지는 느낌인데
암컷도 정말 예쁘게 생겼습니다.
암컷은 구석에 있다가 기척만 들려도 얼른 도망가는 걸 보면
경계심이 많은 것 같아요.

주로 구석지고 어두운 곳에서
무리 지어 지냅니다.

수컷 날개깃은 노을빛을 받으면
더욱 아름답습니다.
마치 개천에 꼬마전구를 켜 놓은 것처럼
날개깃 부분만 반짝여요.

비오리

겨울철새 또는 텃새. 겨울에 개천에서
종종 볼 수 있습니다. 크기는 65cm 정도로
청둥오리와 비슷합니다.
수컷과 암컷은 모습이 많이 다르지만
수컷 변환깃은 암컷과 비슷합니다.
먹이 활동을 할 때 물에 몸통을 반만 담그는
청둥오리와 달리 비오리는
완전히 물속으로 잠수합니다.

수컷 모습이 단정한 데 비해
암컷은 조금 거친 모습입니다.

비오리가 잠수하고 나오면 부리 사이로 물이 흐르는데
제 눈에는 침이 흐르는 것처럼 보여서 볼 때마다 웃음이 나요.

암컷은 머리깃이 조금 뻗쳐 있는데
바람이 불면 더욱 산발이 됩니다.

웃는 것 같아서 사진을 확대해 봤더니
벌어진 부리 사이로 무섭게 생긴
이빨이 있었어요.

오리들은 앞가슴이 도드라져서 그런지
돌에 앉아 있으면 하얀 찹쌀떡이 돌에 얹힌 것 같아요.
만져 보면 말랑말랑할 듯한 건 제 느낌일 뿐이려나요.

논병아리

텃새 또는 겨울철새.
크기는 26cm 정도로 쇠오리보다 작습니다.
암수 구별이 힘들고 번식기에 변환깃으로 바뀝니다.
물속에 완전히 잠수하는 종류이고
한번 물속에 들어가면
멀리 떨어진 어딘가에서 나타납니다.

도감에는 텃새라고도 나오는데
저는 겨울에만 봤습니다.
언젠가는 변환깃을 띤 논병아리를
동네에서 볼 수도 있겠죠.

논병아리가 뭍에서 쉬는 모습은 자주 보이지 않습니다.
언젠가 땅에 있다가 물로 걸어 들어가는 논병아리를 본 적이 있는데
비틀거리며 걷는 모습이 어색해서 다리를 다친 줄 알고 놀랐습니다.
그런데 원래 걸음걸이가 자연스럽지 않다고 하네요.

보통은 물에 떠서 쉽니다.

청둥오리 옆에 있으니 논병아리는 아기 새 같죠?
그래서 새를 잘 모르는 분들은
몸집이 작은 논병아리나 쇠오리를 보고
청둥오리 새끼라고 이야기하곤 합니다.

백로들

왼쪽부터 중대백로, 왜가리, 대백로, 쇠백로입니다.
다들 목과 다리가 가늘고 길어요.
중대백로와 대백로는 생김새가 비슷하지만
쇠백로는 크기 차이가 많이 나서 금방 알 수 있습니다.

왜가리

여름철새 또는 텃새. 개천에 나가면 한두 마리는
꼭 보입니다. 크기는 93cm 정도로 굉장히 커서
눈에 잘 띕니다. 암수 구별이 힘들고
번식기에 부리와 다리 색이 약간 붉어집니다.

완전한 어른 새가
되기 전인 왜가리예요.
머리와 어깨 부분 검은색이
선명하지 않고
댕기깃이 안 보입니다.
신나게 사냥하고 있었어요.

개천에서 산책할 때는 왜가리 똥 벼락을
조심해야 합니다. 산책로 위를
휘 돌면서 '좌락' 배설하고 가는데
바닥을 보면 꼭 페인트를 뿌려 놓은
것처럼 보여요.

이 세상 외로움은 모두 짊어진 것 같은
'한 다리로 서서 움츠리기'입니다.
왜가리가 겨울에 이러고 있으면
어깨에 담요를 덮어 주고 싶다는 생각이
들곤 해요.

쇠백로

여름철새 또는 텃새. 개천에 가면 꼭 볼 수 있는
새입니다. 크기는 61cm 정도로 다른 백로에 비해
크기가 작아 쉽게 구별할 수 있습니다.
암수 구별이 힘들고 여름철에는 하얀 댕기깃이
있습니다. 검은색 다리에 노란색 발이
특징입니다.

쇠백로가 물고기 잡는 모습을 보려고 기다려 봤습니다.
다행히 얼마 기다리지 않아서 작은 물고기를 잡았어요.

중대백로

여름철새 또는 텃새. 개천에서
어렵지 않게 볼 수 있습니다.
크기는 85cm 정도이고
왜가리보다 아주 살짝 작습니다.
암수 구별이 힘들고
번식기에는 부리 색이 변합니다.

대백로

겨울철새. 겨울에 개천에서
종종 볼 수 있습니다.
크기는 97cm 정도로
왜가리보다 아주 살짝 큽니다.
암수 구별이 힘들고
다리 위쪽 색으로 다른 백로와
구별할 수 있습니다.

해오라기

여름철새 또는 텃새. 개천에서 어렵지 않게
볼 수 있습니다. 크기는 57cm 정도이고
다른 백로과 새에 비해 목이 두껍고
길지 않습니다. 암수 구별이 힘들고
어린 새와 어른 새 생김새가
매우 다릅니다.

주로 개천가 돌이나 풀 사이에서 가만히 먹이를 기다립니다.
고독한 사냥꾼 느낌으로요.

사실 저는 해오라기를
동네 놀이터 옆 나무에서
먼저 봤습니다.
근처에 개천이 있으니까
쉴 때는 거기서 쉬는 것
같았어요. 나무도 덩그러니
한 그루뿐이었고
놀이터라 시끄러웠을 텐데
어쩌다 그 자리가 마음에
들었는지, 한동안은
그곳에 있는 모습을
자주 봤습니다.

도감을 나름 열심히 봤던 터라 어린 해오라기를 처음 봤을 때 한눈에 알아봤습니다.
어딘가 어린 새 특유의 어리바리함이 보였습니다.
굉장히 큰 물고기를 어렵사리 삼키고서는
잠시 동안 가만히 얼빠진 모습으로
있었습니다.

민물가마우지

겨울철새 또는 텃새. 개천에서 어렵지 않게
볼 수 있습니다. 크기는 82cm 정도이고
덩치가 매우 큰 편입니다.
번식기에는 옆머리와 허벅지 일부가 흰색입니다.
어린 새는 색이 옅어서 갈색빛이 돕니다.
　암수 구별이 힘들고
　　　　네 발가락이 물갈퀴로 연결된 점이
　　　특징입니다.

보통 물에 있을 때는 꼬리까지 잠기고
사냥할 때는 물속으로 완전히 잠수합니다.

머리 번식깃이 새치 같아서
할아버지처럼 보여요.
그런데 가마우지는 겨울에 번식을 하는지
한겨울에 변환깃으로 변해 있었습니다.

입을 벌리면 위아래로 넓게 벌어져서
굉장히 커집니다.
찢어지게 하품하는 모습이 재밌어요.

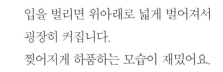

쉴 때 한쪽 발을 말고 있는 모습이
자주 보입니다. 물에 사는 다른 새들은
발을 접고 있다는 느낌인데
민물가마우지는 말고 있는 게
특이했습니다.

불광천은 작은 개천이라 물새가 몇 종류 없었습니다.
그런데 어느 날, 이전에는 본 적 없는 웬 시커멓고 커다란 새가
개천 한가운데에 있었어요. 거기다 날개를 양쪽으로 쫙 펴고
여유를 부리는 모습도 그동안 봤던 새들과 너무나 달랐습니다.
그때 본 민물가마우지는 순식간에 익숙한 개천을
낯선 공간으로 만들어 버리는 힘이 있었어요.
이사 온 동네에 있는 탄천에도 개체수가 늘어 요즘에는 익숙해 보입니다.

물닭

겨울철새 또는 텃새. 개천에서 종종 볼 수 있습니다.
크기는 40cm 정도이고 몸통이 통통합니다.
몸 전체가 검은빛이고 발에 판족이 있습니다.
암수 구별이 힘들며,
부리와 이어진 흰색 이마가 특징입니다.

저 콘크리트에 먹을 게 있을까 싶지만
부지런히 부리를 벌려 옆으로 긁듯이 먹는 걸 보면
뭐가 있긴 있나 봅니다.

쇠물닭

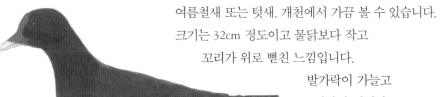

여름철새 또는 텃새. 개천에서 가끔 볼 수 있습니다.
크기는 32cm 정도이고 물닭보다 작고
꼬리가 위로 뻗친 느낌입니다.

발가락이 가늘고
굉장히 깁니다.
암수 구별이 힘들며,
이마부터 부리 중간까지 있는
빨간 점이 특징입니다.

한겨울에 다른 오리들 틈에서 혼자 열심히 다녔습니다.
자주 보고 싶었는데 물닭만큼 자주 보이진 않았어요.

흰목물떼새

여름철새 또는 텃새. 개천 근처에서 어쩌다 볼 수
있습니다. 크기는 21cm 정도이고 참새보다 조금 큽니다.
암수가 비슷하게 생겼고 번식기에는
머리와 가슴 줄무늬가 진해집니다.
딸꾹질 난 것처럼 몸을 위아래로
한두 번씩 크게
움직이는 습성이
있습니다.

예전 동네에 살던 어느 날, 불광천에서 뭔가 작은 게
아른거렸습니다. 처음에는 혼자 덩그러니 있었는데
며칠 뒤에는 한 마리가 더 있었어요.
흰목물떼새를 처음 봤던 터라 매일 나가서 확인했는데
일주일 정도 보이다가 이후로는 안 보였습니다.
그런데 이사 온 뒤 탄천에서 흰목물떼새를 다시 봤습니다.
너무 반가웠습니다.

꼬마물떼새

여름철새. 크기는 16cm 정도로 흰목물떼새보다
약간 작습니다. 암수가 비슷하게 생겼습니다.
번식기에는 머리와 가슴 검은색 부분이 진해지고,
겨울에는 갈색으로 옅어집니다.
선명한 노란색 눈 테가 특징입니다.

흰목물떼새가 다녀가고 얼마 지나지 않아 더 귀여운 새가 불광천에 나타났습니다.
꼬마물떼새였습니다. 흰목물떼새와 쉽게 구별이 가진 않았는데
노란색 눈 테가 확실히 눈에 띄었습니다. 그리고 자세히 보니 부리 모양도
약간 다르게 생겼습니다. 아쉽게도 다음 날 가 보니 벌써 떠난 것 같았어요.

백할미새

겨울철새. 개천 바위나 땅 근처에서 종종 볼 수
있습니다. 크기는 20cm 정도이고 꼬리가 깁니다.
암컷은 수컷에 비해 몸과 가슴 부분 검은색이 흐립니다.
꼬리를 위아래로 까딱이는 습성이 있습니다.

백할미새가 개천에서 보이면 '아, 이제 겨울이구나'하는 생각이 듭니다.
움직임이 가볍고 경쾌해서 개천에 활기를 불어넣는 새예요.

개개비

여름철새. 여름에 개천가에서 소리를 자주 들을 수
있습니다. 크기는 18cm 정도이고 참새보다 조금 큽니다.
암수 구별이 힘들며, 갈대처럼 개천가에 자라는
키 큰 풀에서 시끄럽게 울어댑니다.

여름마다 개천에서 '개개개개'하고
큰소리로 울지만 막상 본 적은
없었습니다. 소리로는 이미 개천을
접수했는데 모습이 보이지 않아
얼굴 없는 보스 느낌이었어요.
그러던 어느 날, 근처 나무로 날아가
앉는 걸 발견해 드디어 모습을
살펴볼 수 있었습니다.
머리깃은 세우고 목 쪽을 조금 부풀려서
최선을 다해 우는 씩씩한 새였어요.

흰오리

집오리라고도 합니다. 동네 가까이 있는 개천이라면
어디서든 흰오리를 꼭 볼 수 있습니다.
원래는 집오리인데 누군가가 개천에 놓아둔 것 같아요.
한적한 공원 등지에서는 가지각색 청둥오리 잡종과
무리 지어 있는 걸 많이 볼 수 있습니다.
사람을 별로 경계하지 않아서
먹이를 쉽게
받아먹습니다.

흰오리는 날지 못하니까 활동 영역이 그리 넓지 않습니다.
먹이를 얻어먹으려고 징검다리 근처에서 사람들을 기다리곤 합니다.

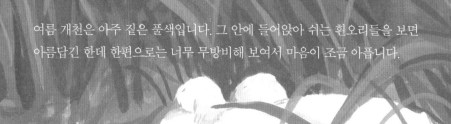

여름 개천은 아주 짙은 풀색입니다. 그 안에 들어앉아 쉬는 흰오리들을 보면
아름답긴 한데 한편으로는 너무 무방비해 보여서 마음이 조금 아픕니다.

10월 중순쯤 개천에 어린 흰오리
두 마리가 나타났습니다.
날개도 작고 깃털도 엉성했어요.
사람들은 귀엽다고 먹이를 주고
사진을 찍으며 좋아했습니다.
날이 제법 추워지자 덩치 작은
녀석이 보이지 않았습니다.
그리고 한 달쯤 뒤에 눈이 많이
내렸어요. 오리가 생각나 개천가에
나가봤는데 온 천지가 하얘서
흰오리를 찾을 수가 없었습니다.
이후로 흰오리는 보이지
않았습니다. 흰 눈과 함께 사라진
것 같아요.

새 그림 모음

아주 잠깐 봤거나 너무 멀리 있거나 움직이고 있어서 사진을 제대로 찍지 못한 새, 카메라 없을 때만 봐서
아쉬웠던 새를 따로 모아 그려 봤습니다.

상모솔새

꾀꼬리

쑥새

양진이

콩새

되새

홍여새

검은머리방울새

제비

뻐꾸기

고방오리

장다리물떼새

검은등할미새

물총새

물까치(최근에 집 근처에서 종종 봅니다)

새 발은 종류에 따라 다르기는 하지만 대개 앞쪽에 앞발가락 3개, 뒤쪽에 뒷발가락 1개가 있습니다. 앞발가락 3개 가운데 바깥쪽 발가락이 가장 긴 편이며 마디가 많습니다. 앞발가락 마디는 바깥쪽 발가락에 3개, 가운데 발가락에 2개, 안쪽 발가락에 1개이며, 뒷발가락에는 마디가 없습니다.

새 오른발을 기준으로 그렸습니다.

황조롱이

진한 노란색이며 발가락 주름이 잘 보입니다. 검은색 발톱은 안으로 휘어졌으며 튼튼하게 생겼습니다.

까마귀

전체가 검은색이고 '새 발'하면 떠오르는 정석 같은 모양입니다. 단단한 느낌이고 발톱 역시 잘 발달했습니다.

큰오색딱다구리

오래된 고목처럼 보이는 회색빛 발입니다. 딱다구리 종류는 발가락이 앞뒤로 2개씩 있습니다. 발톱이 강하게 발달했고 앞뒤 모두 바깥쪽에 있는 발가락이 더 튼튼해 보입니다.

뻐꾸기

진한 노란색입니다. 나무에 있을 때는 딱다구리처럼 앞발가락이 2개, 뒷발가락이 2개인 듯 보입니다. 인편이 없고 안쪽 발가락이 작아서 그런지 허술한 느낌입니다.

들꿩

붉은빛이 살짝 도는 어두운 갈색입니다. 자잘한 주름만 있어서 발가락이 생각보다 매끈합니다.

꿩

밝고 연한 갈색에서 어두운 갈색입니다. 걸어 다닐 때는 뒷발가락은 쓰지 않고 앞발가락만 씁니다. 특이하게 발목 위쪽으로 며느리발톱이란 게 있습니다.

비둘기

진분홍색입니다. 도시에 있는 비둘기는 발가락이 온전하지 못한 경우가 종종 있어서 보면 마음이 불편해지곤 합니다.

참새

연한 갈색이고 조금 연약한 느낌입니다.

때까치

진한 갈색에서 검은색입니다. 발톱이 발달한 편이고 머리가 커서 그런지 발은 조금 작아 보이기도 합니다.

박새

회색빛이 도는 검은색입니다. 얼굴은 귀엽게 생겼지만 발은 인편이 발달해서 매우 옹골진 느낌입니다.

동고비

갈색에서 검은색입니다. 발톱이 매우 발달했고 특히 뒷발가락과 발톱이 길어요

되지빠귀

밝고 연한 황토색입니다. 지빠귀 무리는 몸도 다리도 발도 늘씬해요.

양진이

갈색에서 검은색입니다. 다리와 발 부분 색이 다릅니다.

제비

검은색입니다. 다리는 짧은 편이고 발이 몸집에 비해 작아서 약한 느낌입니다.

청둥오리

진한 오렌지색이고 앞발가락 사이가
얇은 물갈퀴로 연결되어
있습니다. 뒷발가락은
짧고, 별다른 쓰임이
없어 보입니다.

쇠오리

갈색빛이 도는 어두운 색입니다.
앞발가락이 얇은 물갈퀴로
연결되어 있고,
역시 뒷발가락은
별다른 쓰임이
없는 것 같아요.

민물가마우지

전체가 검은색이고
물갈퀴는 살짝 두툼합니다.
앞발가락 3개와 뒷발가락까지
모두 물갈퀴로 연결되어
있습니다.

논병아리

녹색빛이 도는 어두운 색입니다.
발가락마다 둥그런 판족이
달려 있어서 귀여운 모양입니다.
발톱은 판족에 넓적하게
묻혀서 따로 나와
있지는 않아요.

물닭

어두운 회색 톤입니다.
발가락마디마다 물결 모양
판족이 달려 있습니다.
판족에 일정한 가로줄이
있어 기계 같은
느낌입니다.

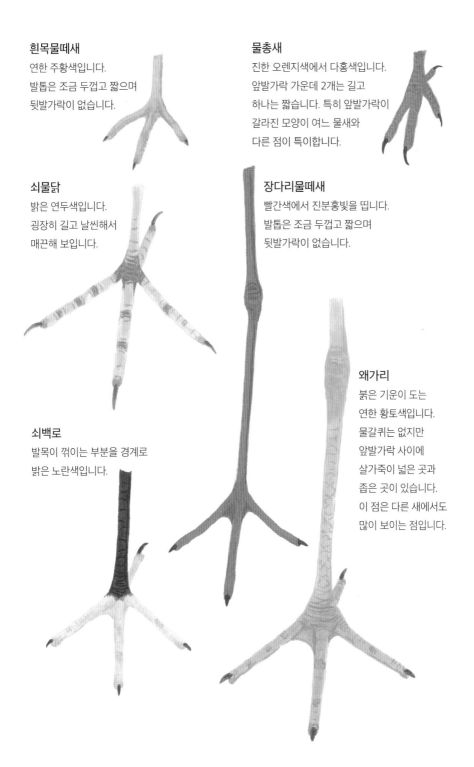

흰목물떼새
연한 주황색입니다.
발톱은 조금 두껍고 짧으며
뒷발가락이 없습니다.

물총새
진한 오렌지색에서 다홍색입니다.
앞발가락 가운데 2개는 길고
하나는 짧습니다. 특히 앞발가락이
갈라진 모양이 여느 물새와
다른 점이 특이합니다.

쇠물닭
밝은 연두색입니다.
굉장히 길고 날씬해서
매끈해 보입니다.

장다리물떼새
빨간색에서 진분홍빛을 띱니다.
발톱은 조금 두껍고 짧으며
뒷발가락이 없습니다.

왜가리
붉은 기운이 도는
연한 황토색입니다.
물갈퀴는 없지만
앞발가락 사이에
살가죽이 넓은 곳과
좁은 곳이 있습니다.
이 점은 다른 새에서도
많이 보이는 점입니다.

쇠백로
발목이 꺾이는 부분을 경계로
밝은 노란색입니다.

생물도감 함께 만들어요.

<자연과생태>는 '사람도 자연이다. 우리 사는 모습도 생태다'라는 생각으로, 자연을 살피는 일이 나와 이웃을 살피는 일과 다르지 않다고 여기며, 자연 원리에서 사회 원리도 찾아보려고 노력합니다.

숨은 소재를 찾고, 주목받지 못하는 분야를 들여다보며, 원하는 사람이 적더라도 꼭 있어야 할 책, 우리나라에서뿐만 아니라 전 세계 어디에서도 찾아볼 수 없는 책을 꾸준히 만드는 데 나란히 걸어 주실 독자 회원님을 모십니다.

저희는 물론 자연과학 여러 분야에서 묵묵히 자료를 쌓아 가는 미래 저자에게도 힘이 되어 주는 회원으로 참여해 주시길 바랍니다. 우리나라에 사는 생물들을 꾸준히 들춰내고, '역시 자연과생태 답다'고 말씀하실 만한 책으로 보답하겠습니다.

회원이 되시면(회원 유지 기간 중)
- 연 5회 회원만을 대상으로 한 저자 강연을 들으실 수 있습니다.
- 회원 증정본 외에 책을 추가로 구입하실 경우 10% 할인해 드립니다.
- 신간 안내 및 행사 정보를 담은 소식을 보내 드립니다.
- 즐겁게 공유할 일들을 함께 궁리합니다.
- 아래 네 가지 회원 유형에 따라 <자연과생태>에서 새롭게 펴내는 도감을 받으실 수 있습니다.

<생물도감 독자 회원제도> 안내

1. **풀꽃 회원**
   - 회비는 10만 원이며, <자연과생태>에서 새롭게 펴내는 생물도감 5권을 보내 드립니다.
   - 이전에 발행한 책을 원하시면 2권까지(권당 3만 원 이하 책) 대체 가능합니다.

2. **나무 회원**
   - 회비는 30만 원이며, <자연과생태>에서 새롭게 펴내는 생물도감 17권을 보내 드립니다.
   - 이전에 발행한 책을 원하시면 8권까지(권당 3만 원 이하 책) 대체 가능합니다.

3. **열매 회원**
   - 회비는 50만 원이며, <자연과생태>에서 펴내는 생물도감 30권을 보내 드립니다.
   - 이전에 발행한 책을 원하시면 10권까지(권당 3만 원 이하 책) 대체 가능합니다.

4. **뿌리 회원(개인/단체/기업)**
   - 회비는 100만 원이며, 후원 회원을 일컫습니다.
   - <자연과생태>에서 새롭게 발행하는 생물도감 60권을 보내 드립니다.
   - 이전에 발행한 책을 원하시면 20권까지(가격 제한 없음) 대체 가능합니다.
   - 발행하는 생물도감에 책을 만드는 데 도움을 주신 회원님의 이름을 싣습니다.

※ 회원으로 가입하시려면 아래 계좌로 입금하신 뒤 이름, 책 받으실 주소, 전화번호, 이메일 주소를 알려 주세요.

회비 계좌: 국민은행 054901-04-142979 **예금주:** 조영권(자연과생태)

전화: 02-701-7345~6 | **팩스:** 02-701-7347 | **이메일:** econature@naver.com

자연과생태